内容提要

　　本套丛书旨在提高电网企业班组人员的安全知识和安全技能。

　　本书采用"一问一答"的形式，选取了电网企业配电运检专业常见的、容易导致安全事故的问题，包括通用安全、设备巡视、倒闸操作、架空线路作业、电力电缆作业、配电设备作业、带电作业、装表接电、电动汽车与分布式电源及其他共 10 个方面。

　　本书精心选取了 100 个问题，这 100 个问题紧贴基层工作实际，答案通俗易懂、简明扼要、图文并茂，易于被一线员工所接受。

　　本书可作为电网企业配电运检人员的日常安全知识工具书，也可用于现场工作资料查询，还可用作学习培训资料。

U0655712

电网企业班组安全生产

百问百答

配电运检

国网浙江省电力有限公司绍兴供电公司 组编

中国电力出版社
CHINA ELECTRIC POWER PRESS

图书在版编目（CIP）数据

电网企业班组安全生产百问百答·配电运检／国网浙江省
电力有限公司绍兴供电公司组编．—北京：中国电力出版社，
2018.9（2019.8重印）

ISBN 978-7-5198-2245-3

Ⅰ．①电… Ⅱ．①国… Ⅲ．①电力工业－工业企业管理－班
组管理－安全生产－中国－问题解答②配电系统－电力系统
运行－问题解答 Ⅳ．① F426.61-44 ② TM727-44

中国版本图书馆 CIP 数据核字（2018）第 160685 号

出版发行：中国电力出版社
地　　址：北京市东城区北京站西街 19 号（邮政编码 100005）
网　　址：http://www.cepp.sgcc.com.cn
责任编辑：崔素媛（010-63412392）
责任校对：黄　蓓　李　楠
装帧设计：张俊霞（版式设计和封面设计）
责任印制：杨晓东

印　　刷：北京瑞禾彩色印刷有限公司
版　　次：2018 年 9 月第一版
印　　次：2019 年 8 月北京第二次印刷
开　　本：880 毫米 ×1230 毫米 64 开本
印　　张：1.125
字　　数：38 千字
印　　数：3001—5000 册
定　　价：19.00 元

梯电气安装维修、电梯司机的人员；

（2）起重机械操作人员：指公司系统内的起重机械安装维修人员、起重机械电气安装维修人员、起重机械指挥人员、桥门式起重机司机、塔式起重机司机、门座式起重机司机、缆索式起重机司机、流动式起重机司机、升降机司机、机械式停车设备司机；

（3）场（厂）内专用机动车辆作业：指公司系统内的车辆维修人员、叉车司机、搬运车牵引车推顶车司机、内燃观光车司机、蓄电池观光车司机。

11. 劳务分包中发包方应承担哪些安全责任？

答：劳务分包中发包方应承担以下主要安全责任：

（1）审查承包方企业资质、业务资质和安全资质，审查承包方人员持证情况，审查承包方安全管理机构及人员配置情况；

（2）在开工前与承包方签订分包合同及安全协议；

（3）在进场前核查承包方进场人员资质，在开工前对承包方项目经理、现场负责人、技术员和安全员进行全面的安全技术交底；

（4）对劳务分包人员进行岗位安全操作规程和安全技能培训考试，并定期组织开展应急演练；

（5）配备劳务分包作业所需的个人安全防护用品、施工机械、起重设备；

（6）编制劳务分包作业的施工安全方案；

（7）签发安全施工作业票并担任作业工作负责人。

二、设备巡视

12. 单人巡视应注意哪些安全事项？

答： 单人巡视应注意下列安全事项：

（1）巡视工作应由配电工作经验的人员担任；

（2）单独巡视人员应经工区批准并公布；

（3）电缆隧道、偏僻山区、夜间、事故或恶劣天气等巡视工作，应至少两人一组进行；

（4）单人巡视，禁止攀登杆塔和配电变压器架。

13. 夜间巡线应注意哪些安全事项？

答： 夜间巡线应携带足够的照明用具，应沿线路外侧，在线路高峰负荷或阴雾天气时进行。应重点检查导线接点及各部件节点有无发热打火现象，绝缘表面有无因污秽或裂纹而闪络放电的现象。

14. 特殊气象情况下的设备运行巡视应注意哪些安全事项？

答： 特殊气象情况下的设备运行巡视应注意下列安全事项：

（1）恶劣天气巡视工作，应至少两人一组进行；

（2）雨雪、大风天气巡线，巡视人员应穿绝缘靴或绝缘鞋；

（3）大风天气巡线，应沿线路上风侧前进，以免触及断落的导线；

（4）雷电时，禁止巡线；

（5）地震、台风、洪水、泥石流等灾害发生时，禁止巡视灾害现场。

15. 巡视中发现高压配电线路、设备接地或高压导线、电缆断落地面、悬挂空中时，应如何处理？

答：巡视中发现高压配电线路、设备接地或高压导线、电缆断落地面、悬挂空中时，应按下列要求处理：

（1）发现上述情况时，室内人员应距离故障点 4m 以外，室外

人员应距离故障点 8m 以外，并迅速报告调度控制中心和上级，等候处理；

（2）处理前应防止人员接近接地或断线地点，以免跨步电压伤人；

（3）进入上述范围人员应穿绝缘靴，接触设备的金属外壳时应戴绝缘手套。

16. 配电站、开闭所、箱式变电站门钥匙的配置和使用有哪些要求？

答： 配电站、开闭所、箱式变电站等的钥匙至少应有三把，一把专供紧急时使用，一把专供运维人员使用。其他可以借给经批准的高压设备巡视人员和经批准的检修、施工队伍的工作负责人使用，但应登记签名，巡视或工作结束后立即交还。

17. 线路附近砍剪树木时应注意哪些安全事项？

答： 线路附近砍剪树木时应注意下列安全事项：

（1）砍剪树木应有人监护；

（2）砍剪靠近带电线路的树木，工作负责人应在工作开始前，向全体作业人员说明电力线路有电；

（3）人员、树木、绳索应与导线保持规定的安全距离；

（4）为防止树木（树枝）倒落在线路上，应使用绝缘绳索将其拉向与线路相反的方向，绳索应有足够的长度和强度，以免拉绳的人员被倒落的树木砸伤；

（5）砍剪山坡树木应做好防止树木向下弹跳接近线路的措施；

（6）风力超过 5 级时，禁止砍剪高出或接近带电线路的树木；

（7）使用油锯和电锯的作业，应由熟悉机械性能和操作方法的人员操作。使用时，应先检查所能锯到的范围内有无铁钉等金属物件，以防金属物体飞出伤人。

三、倒闸操作

👤 18. 倒闸操作现场应注意哪些安全事项?

答:操作前,应核对线路名称、设备双重名称和状态。操作中,应执行唱票、复诵制度,按操作票填写的顺序逐项操作,每操作完一项,应检查确认后做一个"√"记号,全部操作完毕后进行复查。

👤 19. 操作中发生疑问应如何处置?

答:倒闸操作中发生疑问时,不得更改操作票,应立即停止操作,并向发令人报告。待发令人再行许可后,方可继续操作。任何人不得随意解除闭锁装置。

👤 20. 操作中使用安全工器具有哪些安全要求?

答:操作中使用安全工器具有下列安全要求:

(1)操作机械传动的断路器或隔离开关时,应戴绝缘手套;

(2)操作没有机械传动的断路器、隔离开关或跌落式熔断器,应使用绝缘棒;

（3）雨天室外高压操作，应使用有防雨罩的绝缘棒，并穿绝缘靴、戴绝缘手套；

（4）装卸高压熔断器，应戴护目镜和绝缘手套。必要时使用绝缘操作杆或绝缘夹钳。

21. 跌落式熔断器、隔离开关拉合操作时应注意哪些安全事项？

答： 拉跌落式熔断器、隔离开关，应先拉开中相，后拉开两边相。合跌落式熔断器、隔离开关的顺序与此相反。

22. 更换配电变压器跌落式熔断器熔丝时应注意哪些安全事项？

答： 更换配电变压器跌落式熔断器熔丝，应拉开低压侧开关和高压侧隔离开关或跌落式熔断器。摘挂跌落式熔断器的熔管，应使用绝缘棒，并派人监护。

23. 跌落式熔断器熔丝熔断时应如何处理？

答： 将熔断器熔丝与被保护设备的参数容量进行核对，如果发现熔丝选用不当或质量不合格时，及时更换熔丝。

24. 低压电气操作应注意哪些安全事项？

答： 低压电气操作应注意下列安全事项：

（1）操作人员接触低压金属配电箱（表箱）前应先验电。

（2）有总断路器和分路断路器的回路停电，应先断分路断路器，后断开总断路器。送电操作顺序与此相反。

（3）有刀开关和熔断器的回路停电，应先拉开刀开关，后取下熔断器。送电操作顺序与此相反。

（4）有断路器和插拔式熔断器的回路停电，应先断开断路器，并在负荷侧逐相验明确无电压后，方可取下熔断器。

25. 就地使用遥控器操作断路器有哪些安全要求？

答： 就地使用遥控器操作断路器有下列安全要求：

（1）就地使用遥控器操作断路器，遥控器的编码应与断路器编号唯一对应；

（2）操作前，应核对现场设备双重名称；

（3）遥控器应有闭锁功能，须在解锁后方可进行遥控操作。为防止误碰解锁按钮，应对遥控器采取必要的防护措施。

26. 开关站（环网柜）进线柜线路侧有电时应做哪些安全措施？

答： 开关站（环网柜）进线柜线路侧有电时应做下列安全措施：

（1）开关站（环网柜）部分停电工作，若进线柜线路侧有电，进线柜应设遮拦，悬挂"止步，高压危险！"标示牌；

（2）在进线柜负荷开关的操作把手插入口加锁，并悬挂"禁止合闸，有人工作!"标示牌；

（3）在进线柜接地刀闸的操作把手插入口加锁。

27. 开关站（环网柜）内高配出线开关改为开关及线路检修应注意哪些安全事项？

答： 开关站（环网柜）内供用户高配的出线开关改为开关及线路检修时，应先将连接该出线开关的所有用户高配侧进线开关改为冷备用，然后再将该出线开关改为开关及线路检修。如需在该出线开关的线路（电缆）上工作时，还必须将所有用户高配侧进线开关由冷备用改为线路检修。

四、架空线路作业

28. 杆塔立、撤时应注意哪些安全事项?

答: 杆塔立、撤时应注意下列安全事项:

(1)立、撤杆应设专人统一指挥。开工前,应交待施工方法、指挥信号和安全措施。

(2)居民区和交通道路附近立、撤杆,应设警戒范围或警告标志,并派人看守。

(3)立、撤杆塔时,禁止基坑内有人。除指挥人及指定人员外,其他人员应在杆塔高度的1.2倍距离以外。

(4)顶杆及叉杆只能用于竖立8m以下的拔梢杆,不得用铁锹、木桩等代用。立杆前,应开好"马道"。作业人员应均匀分布在电杆两侧。

(5)立杆及修整杆坑,应采用拉绳、叉杆等控制杆身倾斜、滚动。

29. 吊车立杆应注意哪些安全事项?

答: 吊车立杆应注意下列安全事项:

（1）选用或租用合适吨位吊车，吊车（包括驾驶员、操作人员）证照应齐全、完备且通过相关部门年审合格。

（2）吊车选位应合适，充分考虑地形、地质因素，使用平整可靠的垫木支撑吊车腿（如地质特别松软的应加垫大型钢板），吊车腿应完全延伸不得部分延伸起吊。吊点钢丝应符合规范要求。

（3）起吊中听从指挥人员信号指挥，指挥人员站位应合理，视野清楚，且不得在吊臂下或起重物下方。

（4）起吊范围不得超过吊臂伸展长度，杜绝偏拉斜吊。

30. 使用临时拉线有哪些安全要求？

答： 使用临时拉线有下列安全要求：

（1）不得利用树木或外露岩石作受力桩；

（2）一个锚桩上的临时拉线不得超过两根；

（3）临时拉线不得固定在有可能移动或其他不可靠的物体上；

（4）临时拉线绑扎工作应由有经验的人员担任；

（5）临时拉线应在永久拉线全部安装完毕承力后方可拆除。

31. 放线、紧线时出现卡、挂现象时应如何处理？

答： 放线、紧线时，遇接线管或接线头过滑轮、横担、树枝、房屋等处有卡、挂现象，应松线后处理。处理时操作人员应站在卡线处外侧，采用工具、大绳等撬、拉导线。禁止用手直接拉、推导线。

32. 放线、紧线与撤线时作业人员的站位有哪些要求?

答：放线、紧线与撤线时，作业人员不应站在或跨在已受力的牵引绳、导线的内角侧，展放的导线圈内以及牵引绳或架空线的垂直下方。禁止采用突然剪断导线的做法松线。

33. 登杆塔前应做好哪些安全事项?

答：登杆塔前应做好下列安全事项：

（1）核对线路名称和杆号；

（2）检查杆根、基础和拉线是否牢固；

（3）检查杆塔上是否有影响攀登的附属物；

（4）遇有冲刷、起土、上拔或导地线、拉线松动的杆塔，应先培土加固、打好临时拉线或支好架杆；

（5）检查登高工具、设施（如脚扣、升降板、安全带、梯子和脚钉、爬梯、防坠装置等）是否完整牢靠；

（6）攀登有覆冰、积雪、积霜、雨水的杆塔时，应采取防滑措施；

（7）攀登过程中应检查横向裂纹和金具锈蚀情况。

34. 杆塔上作业时应注意哪些安全事项?

答：杆塔上作业时应注意下列安全事项：

（1）作业人员攀登杆塔、杆塔上移位及杆塔上作业时，手扶的构件应牢固，不得失去安全保护，并有防止安全带从杆顶脱出或被锋利物损坏的措施；

（2）在杆塔上作业时，宜使用有后备保护绳或速差自锁器的双控背带式安全带，安全带和保护绳应分挂在杆塔不同部位的牢固构件上；

（3）上横担前，应检查横担腐蚀情况、联结是否牢固，检查时安全带（绳）应系在主杆或牢固的构件上；

（4）在人员密集或有人员通过的地段进行杆塔上作业时，作业点下方应按坠落半径设围栏或其他保护措施；

（5）杆塔上下无法避免垂直交叉作业时，应做好防落物伤人的措施，作业时要相互照应，密切配合；

（6）杆塔上作业时不得从事与工作无关的活动。

35. 高处作业时应注意哪些安全事项?

答：高处作业时应注意下列安全事项：

（1）高处作业应使用工具袋。上下传递材料、工器具应使用绳索。邻近带电线路作业的，应要使用绝缘绳索传递，较大的工具应用绳拴在牢固的构件上。

（2）高处作业区周围的孔洞、沟道等应设盖板、安全网或遮拦（围栏）并有固定其位置的措施。同时，应设置安全标志，夜间还应设红灯示警。

（3）在 5 级及以上的大风以及暴雨、雷电、冰雹、大雾、沙尘暴等恶劣天气下，应停止露天高处作业。特殊情况下，确需在恶劣天气进行抢修时，应制定相应的安全措施，经本单位批准后方可进行。

（4）高处作业，除有关人员外，他人不得在工作地点的下面通行或逗留，工作地点下面应有遮拦（围栏）或装设其他保护装置。若在格栅式的平台上工作，应采取有效隔离措施，如铺设木板等。

（5）梯子 3m 处设限高标志，梯与地面夹角宜 60° 左右，梯子不宜绑接使用。

36. 高压架空绝缘导线上工作应注意哪些安全事项?

答: 高压架空绝缘导线上工作应注意下列安全事项:

(1) 架空绝缘导线不得视为绝缘设备,作业人员或非绝缘工器具、材料不得直接接触或接近。架空绝缘导线与裸导线线路的作业安全要求相同。

(2) 禁止作业人员穿越未停电接地或未采取隔离措施的绝缘导线进行工作。

(3) 在停电检修作业中,开断或接入绝缘导线前,应做好防感应电的安全措施。

37. 发生倒杆、断线故障在抢修前应注意哪些安全事项?

答: 发生倒杆、断线故障在抢修前应注意下列安全事项:

(1) 发生倒杆、断线事故后,立即派人巡线,在出事地点看守,应认为线路带电,防止行人靠近,断落到地面的导线,应防止行人靠近接地点 8m 以内;

(2) 立即向上级领导汇报事故现场情况及事故原因;

(3) 拉开事故线路上级控制开关或接到领导通知确认线路停电,做好工作地段两端的安全措施后,方可开始抢修。

38. 检修线路时如何防止感应电压引起的触电事故？

答：对于因交叉跨越、平行或邻近带电线路、设备导致检修线路、设备可能产生感应电压时，应加装接地线或使用个人保安线，加装的接地线应登录在工作票上，个人保安线由工作人员自装自拆。

39. 在与带电线路平行、邻近或交叉跨越的线路上停电检修时如何防止误登杆塔？

答：在与带电线路平行、邻近或交叉跨越的线路上停电检修时应采取下列措施防止误登杆塔：

（1）每基杆塔上都应有线路名称、杆号；

（2）经核对停电检修线路的名称、杆号无误，验明线路确已停电并挂好地线后，工作负责人方可宣布开始工作；

（3）在该段线路上工作，作业人员登杆塔前应核对停电检修线路的名称、杆号无误，并设专人监护，方可攀登。

40. 在同杆架设的上层线路带电情况下应满足什么要求才可以进行下层线路的登杆停电检修工作？

答：在同杆架设的 10（20）kV 及以下线路带电情况下，当满足 10kV 为 1m（20kV 为 2.5m）的安全距离且采取可靠防止人身安全措施的情况下，方可进行下层线路的登杆停电检修工作。

五、电力电缆作业

41. 坑洞开挖作业时应注意哪些安全事项?

答:坑洞开挖作业时应注意下列安全事项:

(1)挖坑时,应及时清除坑口附近浮土、石块,路面铺设材料和泥土应分别堆置,在堆置物堆起的斜坡上不得放置工具、材料等器物。

(2)在超过1.5m深的基坑内作业时,向坑外抛掷土石应防止土石回落坑内,并做好防止土层塌方的临边防护措施。

(3)在下水道、煤气管线、潮湿地、垃圾堆或有腐质物等附近挖坑时,应设监护人。在挖深超过2m的坑内工作时,应采取安全措施,如戴防毒面具、向坑中送风和持续检测等。监护人应密切注意挖坑人员,防止煤气、硫化氢等有毒气体中毒及沼气等可燃气体爆炸。

(4)在居民区及交通道路附近开挖的基坑,应设坑盖或可靠遮栏,加挂警告标示牌,夜间挂红灯。

42. 作业人员现场开断电缆前应采取哪些安全措施?

答:开断电缆以前,应与电缆走向图图纸核对相符,并使用专用仪器确切证实电缆无电后，用接地的带绝缘柄的铁钎钉入电缆芯后，方可工作。扶绝缘柄的人应戴绝缘手套并站在绝缘垫上，并采取防灼伤措施。如使用远控电缆割刀开断电缆时，刀头应可靠接地，周边其他施工人员应临时撤离，远控操作人员应与刀头保持足够的安全距离，防止弧光和跨步电压伤人。

43. 查找电缆故障时应注意哪些安全事项?

答： 查找电缆故障时应注意下列安全事项：

（1）开工前应确认安全措施是否到位并做好防感应电措施；

（2）试验区应装设专用遮栏或围栏，应向外悬挂"止步，高压危险！"的标示牌，并有专人监护，严禁非试验人员进入试验场地；

（3）测试设备的接地端和金属外壳应可靠接地，测试仪器与设备的接线应牢固可靠；

（4）遇异常情况、变更接线或试验结束时，应首先将电压回零，然后断开电源侧刀闸，并在试品和加压设备的输出端充分放电并接地；

（5）测试工作应在天气良好的情况下进行，遇雷雨大风等天气应停止测试，禁止在雨天和湿度大于 80% 时进行测试，保持设备绝缘清洁；

（6）严禁用手触摸故障点，防止人身触电；

（7）应在故障电缆末端做好安全措施并指定专人监护。

44. 地面电缆分支箱巡查时有哪些安全要点？

答：地面电缆分支箱巡查时有下列安全要点：

（1）核对分支箱铭牌无误，检查周围地面环境无异常，如无挖掘痕迹、无地面沉降；

（2）检查通风及防漏情况良好；

（3）检查门锁及螺栓、铁件油漆状况；

（4）分支箱内电缆终端的检查。

45. 电缆振荡波试验中应注意哪些安全事项？

答：电缆振荡波试验中应注意下列安全事项：

（1）试验开关未分闸上锁，即进行接线更换、调整；

（2）试验电缆试验结束后未进行充分放电即进行触碰电缆工作；

（3）试验过程中，试验相与非试验相及对地安全距离不足，造成放电。

46. 电缆通道非开挖施工时有哪些安全要点？

答：电缆通道非开挖施工时有下列安全要点：

（1）采用非开挖技术施工前，应先探明地下各种管线设施的相对位置；

（2）非开挖的通道，应离开地下各种管线设施足够的安全距离；

（3）通道形成的同时，应及时对施工的区域采取灌浆等措施，防止路基沉降。

47. 高压跌落式熔断器与电缆头之间作业时应有哪些安全措施？

答： 高压跌落式熔断器与电缆头之间作业时应采取下列安全措施：

（1）宜加装过渡连接装置，使作业时能与熔断器上桩头有电部分保持安全距离；

（2）跌落式熔断器上桩头带电，需在下桩头新装、调换电缆终端引出线或吊装、搭接电缆终端头及引出线时，应使用绝缘工具，并采用绝缘罩将跌落式熔断器上桩头隔离，在下桩头加装接地线；

（3）作业时，作业人员应站在低位，伸手不得超过跌落式熔断器下桩头，并设专人监护；

（4）禁止雨天进行以上工作。

48. 电缆试验需拆除接地线时应注意哪些安全事项？

答：电缆试验需要拆除接地线时，应在征得工作许可人的许可后方可进行。工作完毕后应立即恢复。

49. 在电缆井、电缆隧道内工作时，有哪些防可燃气体的安全措施？

答：在电缆井、电缆隧道内工作时，通风设施应保持常开。禁止只打开电缆井一只井盖（单眼除外）。作业过程中应用气体检测仪检查井内或隧道内的易燃易爆及有毒气体的含量是否超标，并做好记录。

50. 开启电缆井井盖应注意哪些安全事项？

答：开启电缆井井盖时应注意站立位置，以免坠落，开启电缆井井盖应使用专用工具。开启后应设置遮拦（围栏），并派专人看守。作业人员撤离后，应立即恢复。

51. 电缆有限空间作业时有哪些安全要求？

答：电缆有限空间作业时有下列安全要求：

（1）在下水道、煤气管线、潮湿地、垃圾堆或有腐质物等附近电缆井有限的空间作业时，应设专人监护；

（2）在超过2m的井内工作时，应采取安全措施，如戴防毒面具、向井中送风和持续检测等；

（3）监护人应密切注意井内人员，防止煤气、硫化氢等有毒气体中毒及沼气等可燃气体爆炸。

52. 电缆试验需拆除接地线时应注意哪些安全事项？

答：电缆试验需拆除接地线时，应在征得工作许可人的许可后（根据调控人员指令装设的接地线，应征得调控人员的许可）方可进行。工作完毕后应立即恢复。

六、配电设备作业

53. 配电故障紧急抢修单应在哪些情况下使用?

答：配电线路、设备发生故障被迫紧急停止运行，需短时间恢复供电或排除故障的、连续进行的故障修复工作，可不使用工作票，但应填用配电故障紧急抢修单。

54. 专责监护人有哪些安全职责?

答：专责监护人有下列安全职责：

（1）明确被监护人员和监护范围；

（2）工作前，对被监护人员交待监护范围内的安全措施、告知危险点和安全注意事项；

（3）监督被监护人员遵守《安规》和执行现场安全措施，及时纠正被监护人员的不安全行为。

55. 哪些工作应设专人监护？

答：下列工作应设专人监护：

（1）对城市市区的停电线路检修，当同一条街道两旁或岔道口上有邻近带电线路，必须有专人监护，防止误登邻近带电线路的杆塔；

（2）线路检修作业，如检修线路上方有带电的交叉跨越线路，除应做好可靠的安全措施外，必须有专人监护；

（3）带电作业和带电线路杆塔上的工作；

（4）同杆架设多回线路，部分线路停电的工作；

（5）其他复杂、有触电危险（如有感应电等）的施工作业；

（6）监护人应认真履行监护职责，及时提醒作业人员采用正确的操作方法，随时保持与带电设备的安全距离。

56. 同一张工作票在不同工作地点转移工作时有哪些安全注意事项？

答：使用同一张工作票依次在不同工作地点转移工作时，若工作票所列的安全措施在开工前一次做完，则在工作地点转移时不需要再分别办理许可手续。若工作票所列的停电、接地等安全措施随工作地点转移，则每次转移均应分别履行工作许可、终结手续，依次记录在工作票上，并填写使用的接地线编号、装拆时间、位置等随工作地点转移情况。工作负责人在转移工作地点时，应逐一向工作人员交待带电范围、安全措施和注意事项。

57. 检修线路、设备需要停电时应采取哪些安全措施？

答： 检修线路、设备需要停电时应采取下列安全措施：

（1）应把工作地段内所有可能来电的电源全部断开（任何运行中星形接线设备的中性点，应视为带电设备）。

（2）停电时应拉开隔离开关，手车开关应拉至试验或检修位置，使停电的线路和设备各端都有明显断开点。若无法观察到停电线路、设备的断开点，应有能够反映线路、设备运行状态的电气和机械等指示。无明显断开点也无电气、机械等指示时，应断开上一级电源。

（3）对难以做到与电源完全断开的检修线路、设备，可拆除其与电源之间的电气连接。禁止在只经断路器断开电源且未接地的高压配电线路或设备上工作。

（4）两台及以上配电变压器低压侧共用一个接地引下线时，其中任一台配电变压器停电检修，其他配电变压器也应停电。

（5）高压开关柜前后间隔没有可靠隔离的，工作时应同时停电。电气设备直接连接在母线或引线上的，设备检修时应将母线或引线停电。

（6）低压配电线路和设备检修，应断开所有可能来电的电源（包括解开电源侧和用户侧连接线），对工作中有可能触碰的相邻带电线路、设备应采取停电或绝缘遮蔽措施。

58. 同杆（塔）塔架设的多层电力线路验电及装设接地线的顺序是怎样的？

答：应先接接地端、后接导体端，拆除接地线的顺序与此相反。均应使用绝缘棒并戴绝缘手套，人体不得碰触接地线或未接地的导线。应先低压、后高压，先下层、后上层，先近侧、后远侧。禁止作业人员越过未经验电、接地的线路对上层、远侧线路验电。

59. 接地线应装设在哪些部位？

答：在配电线路和设备上，应是与检修线路和设备电气直接相连处，应该去除油漆或绝缘层的导电部分。绝缘导线上，应装设在验电专用接地环处。

60. 配合停电的交叉跨越或邻近线路需要做哪些安全措施？

答：在线路的交叉跨越或邻近处附近应装设一组接地线。配合停电的同杆（塔）架设线路装设接地线要求与检修线路相同。

👤 61. 电缆及电容器接地时应注意哪些安全事项？

答：应逐相充分放电，星形接线电容器的中性点应接地，串联电容器及与整组电容器脱离的电容器应逐个充分放电。电缆作业现场应确认检修电缆至少有一处已可靠接地（防感应电伤人）。

👤 62. 在低压用电设备上停电工作时有哪些安全要求？

答：在低压用电设备上停电工作时有下列安全要求：

（1）在低压用电设备上工作，应采用工作票或派工单、任务单、工作记录、口头、电话命令等形式，口头或电话命令应留有记录；

（2）在低压用电设备上工作，需高压线路、设备配合停电时，应填用相应的工作票；

（3）在低压用电设备上停电工作前，应断开电源、取下熔丝，加锁或悬挂标示牌，确保不误合；

（4）在低压用电设备上停电工作前，应验明确无电压，方可工作。

👤 63. 在柱上变压器台架上作业时应注意哪些安全事项？

答：柱上变压器台架工作，应先断开低压侧的空气开关、刀开关，再断开变压器台架的高压线路的隔离开关或跌落式熔断器，高低压侧验电、接地后，方可工作。若变压器的低压侧无法装设接地线，应采用绝缘遮蔽措施。

柱上变压器台架工作，人体与高压线路和跌落式熔断器上部带电部分应保持安全距离。不宜在跌落式熔断器下部新装、调换引线，若必须进行，应采用绝缘罩将跌落式熔断器上部隔离，并设专人监护。

64. 进入箱式变电站的变压器室工作前应采取哪些安全措施？

答： 变压器高压侧短路接地、低压侧短路接地或采取绝缘遮蔽措施后，方可进入变压器室工作。变压器高压侧短路接地、低压侧短路接地或采取绝缘遮蔽措施后，方可进入变压器室工作。

65. 开闭所自动化（二次系统）作业时应注意哪些安全事项？

答： 开闭所自动化（二次系统）作业时应注意下列安全事项：

（1）工作时，应仔细核对检修设备名称，严防走错位置；

（2）作业人员在接触运用中的二次设备箱体前，应用低压验电器或测电笔确认其确无电压；

（3）工作中，需临时停用有关保护装置、配电自动化装置、安全自动装置或自动化监控系统，应向调度控制中心申请，经值班调控人员或运维人员同意，方可执行。

66. 配电网通信设备拔插单板过程中应注意哪些安全事项？

答：配电网通信设备拔插单板过程中应注意下列安全事项：

（1）禁止单板电路面相互接触，以免引起短路或刮伤；

（2）禁止裸手触单板电路、原件连接器或接线槽，以免人体静电损坏敏感器件；

（3）顺着单板滑道插入单板；

（4）手持单板时要避免单手持单板边缘，这样会导致单板变形失效。

67. 开关站不停电自动化改造应注意哪些安全事项？

答：开关站不停电自动化改造应注意下列安全事项：

（1）断开一次开关操作机构的操作电源；

（2）断开母线压变低压侧回路熔丝（刀闸）；

（3）短接各间隔电流互感器侧电流回路；

（4）断开电压切换回路。

68. 电动工具使用和检查时有哪些安全要求？

答：连接电动机械及电动工具的电气回路应单独设开关或插座，并装设剩余电流动作保护装置，金属外壳应接地；电动工具应做到"一机一闸一保护"。

69. 绝缘操作杆、验电器和测量杆使用时有哪些安全要求?

答: 绝缘操作杆、验电器和测量杆使用时,作业人员手不得越过护环或手持部分的界限。人体应与带电设备保持安全距离,并注意防止绝缘杆被人体或设备短接,以保持有效的绝缘长度。

70. 验电器使用时有哪些安全要求?

答: 验电器使用时有下列安全要求:

(1)高压验电前验电器应先在有电设备上试验,确证验电器良好。无法在有电设备上试验时,可用工频高压发生器等确证验电器良好。

(2)高压验电时,使用伸缩式验电器,绝缘棒应拉到位,验电时手应握在手柄处,不得超过护环,宜戴绝缘手套。

(3)低压验电前,应先在低压有电部位上试验,以验证验电器或测电笔良好。

71. 作业现场使用梯子时应注意哪些安全事项?

答: 作业现场使用梯子时应注意下列安全事项:

(1)在配电站或高压室内搬动梯子、管子等长物,应放倒,由两人搬运,并与带电部分保持足够的安全距离;

(2)在配电站的带电区域内或邻近带电线路处,禁止使用金属梯子；

（3）梯子的支柱应能承受攀登时作业人员及所携带的工具、材料的总重量；

（4）应在距梯顶1m处设限高标志，不宜绑接使用；

（5）人字梯应有限制开度的措施；

（6）人在梯子上时，禁止移动梯子；

（7）单梯的横档应嵌在支柱上，梯与地面的斜角度约为60°。

👤 72. 在带电设备附近进行立杆放线工作时应注意哪些安全事项？

答： 在带电设备附近进行立杆放线工作时（包括吊车立杆），电杆、拉线、临时拉线与吊车臂伸展应与带电设备保持足够的安全距离，严禁采取举起和拨开带电导线等方式来增加电气安全距离，且有防止立杆过程中拉线跳动和放线过程中导线弹跳接近至安全距离以内的可靠措施。对无法保证安全距离的带电设备必须申请停电，做好安全措施后方能施工。

如作业现场有平行带电线路或临近带电线路应分发线路设备双重命名卡，登杆作业前应核对线路设备双重命名无误后方可登杆作业。必要时增设专职监护人并采取防感应电措施。

👤 73. 高压试验工作时应注意哪些安全事项？

答： 高压试验工作时应注意下列安全事项：

（1）配电线路和设备的高压试验应填用配电第一种工作票。

（2）试验装置的金属外壳应可靠接地。高压引线应尽量缩短，并采用专用的高压试验线，必要时用绝缘物支持牢固。

（3）试验装置的电源开关，应使用双极刀闸，并在刀刃或刀座上加绝缘罩，以防误合。试验装置的低压回路中应有两个串联电源开关，并装设过载自动跳闸装置。

（4）试验现场应装设遮栏（围栏），遮栏（围栏）与试验设备高压部分应有足够的安全距离，向外悬挂"止步，高压危险！"标示牌。被试设备不在同一地点时，另一端还应设遮栏（围栏）并悬挂"止步，高压危险！"标示牌。

（5）试验应使用规范的短路线，加电压前应检查试验接线，确认表计倍率、量程、调压器零位及仪表的初始状态均正确无误后，通知所有人员离开被试设备，并取得试验负责人许可，方可加压。加压过程中应有人监护并呼唱，试验人员应随时警戒异常现象发生，操作人应站在绝缘垫上。

（6）变更接线或试验结束，应断开试验电源，并将升压设备的高压部分放电、短路接地。

74. 使用钳形电流表测量时应注意哪些安全事项？

答： 使用钳形电流表测量时应注意下列安全事项：

（1）高压回路上使用钳形电流表的测量工作，至少应两人进行。非运维人员测量时，应填用配电第二种工作票。

（2）使用钳形电流表测量，应保证钳形电流表的电压等级与被测设备相符。

（3）测量时应戴绝缘手套，穿绝缘鞋（靴）或站在绝缘垫上，不得触及其他设备，以防短路或接地。观测钳形电流表数据时，应注意保持头部与带电部分的安全距离。

（4）在高压回路上测量时，禁止用导线从钳形电流表另接表计测量。

（5）测量时若需拆除遮栏（围栏），应在拆除遮栏（围栏）后立即进行。工作结束，应立即恢复遮栏（围栏）原状。

（6）测量高压电缆各相电流，电缆头线间距离应大于300mm，且绝缘良好、测量方便。当有一相接地时，禁止测量。

（7）使用钳形电流表测量低压线路和配电变压器低压侧电流，应注意不触及其他带电部位，以防相间短路。

75. 配电变压器着火或变压器发生爆炸时应注意哪些安全事项？

答：发生这类故障时，应先将变压器两侧电源断开，然后再进行灭火。变压器灭火应选用绝缘性能较好的气体灭火器或干粉灭火器，必要时可使用砂子灭火。

七、带电作业

76. 低压电气带电作业时应注意哪些安全事项？

答：低压电气带电作业时应注意下列安全事项：

（1）低压电气工作，应采取措施防止误入相邻间隔、误碰相邻带电部分；

（2）拆开的引线、断开的线头应采取绝缘包裹等遮蔽措施；

（3）应采取绝缘隔离措施防止相间短路和单相接地；

（4）作业范围内电气回路的剩余电流动作保护装置应投入运行；

（5）低压电气带电工作使用的工具应有绝缘柄，其外裸露的导电部位应采取绝缘包裹措施。禁止使用锉刀、金属尺和带有金属物的毛刷、毛掸等工具。

77. 在带电的低压线路上工作时应注意哪些安全事项？

答：在带电的低压线路工作，分清相线和中性线。应选好工作位置，断开导线时，应先断开相线，然后中性线。搭接导线时顺序与上述相反。人体不得同时接触两根导线。

78. 带电断、接低压导线时应注意哪些安全事项？

答： 带电断、接低压导线时应注意下列安全事项：

（1）带电断、接低压导线应有人监护。断、接导线前应核对相线、中性线。断开导线时，应先断开相线，后断开中性线。搭接导线时，顺序应相反。

（2）禁止人体同时接触两根线头。

（3）禁止带负荷断、接导线。

79. 带电作业中出现哪些情况时应停用重合闸？

答： 带电作业中出现下列情况时应停用重合闸：

（1）中性点有效接地的系统中有可能引起单相接地的作业。

（2）中性点非有效接地的系统中有可能引起相间短路的作业。

（3）工作票签发人或工作负责人认为需要停用重合闸的作业。

（4）禁止约时停用或恢复重合闸。

80. 地电位作业时应注意哪些安全事项？

答： 地电位作业时应注意下列安全事项：

（1）禁止地电位作业人员直接向进入电场的作业人员传递非绝缘物件。上、下传递工具、材料均应使用绝缘绳绑扎，严禁抛掷。

（2）在配电线路上采用绝缘杆作业法时，人体与带电体的最小距离不得小于《安规》表 3-2 的规定，此距离不包括人体活动范围。

（3）绝缘操作杆、绝缘承力工具和绝缘绳索的有效绝缘长度不得小于表 7-1 的规定。

表 7-1　　　　　　　　有效绝缘长度表

电压等级（kV）	有效绝缘长度（m）	
	绝缘操作杆	绝缘承力工具、绝缘绳索
10	0.7	0.4
20	0.8	0.5

81. 带电断、接引线时应注意哪些安全事项？

答：带电断、接引线时应注意下列安全事项：

（1）禁止带负荷断、接引线。

（2）禁止用断、接空载线路的方法使两电源解列或并列。

（3）带电断、接空载线路时，应确认后端所有断路器、隔离开关确已断开，变压器、电压互感器确已退出运行。

（4）带电断、接空载线路所接引线长度应适当，与周围接地构件、不同相带电体应有足够安全距离，连接应牢固可靠。断、接时应有防止引线摆动的措施。

（5）带电断、接空载线路时，作业人员应戴护目镜，并采取消弧措施。消弧工具的断流能力应与被断、接的空载线路电压等级及电容电流相适应。若使用消弧绳，则其断、接的空载线路的长度应小于 50km（10kV）、30km（20kV），且作业人员与断开点应保持 4m 以上的距离。

（6）带电断、接架空线路与空载电缆线路的连接引线应采取消弧措施，不得直接带电断、接。断、接电缆引线前应检查相序并做好标志。10kV 空载电缆长度不宜大于 3km。当空载电缆电容电流大于 0.1A 时，应使用消弧开关进行操作。

（7）带电断开架空线路与空载电缆线路的连接引线之前，应检查电缆所连接的开关设备状态，确认电缆空载。

（8）带电接入架空线路与空载电缆线路连接引线之前，应确认电缆线路试验合格，对侧电缆终端连接完好，接地已拆除，并与负荷设备断开。

82. 高压电缆旁路作业时应注意哪些安全事项？

答： 高压电缆旁路作业时应注意下列安全事项：

（1）采用旁路作业方式进行电缆线路不停电作业时，旁路电缆两侧的环网柜等设备均应带断路器，并预留备用间隔。负荷电流应小于旁路系统额定电流。

（2）旁路电缆终端与环网柜（分支箱）连接前应进行外观检查，绝缘部件表面应清洁、干燥，无绝缘缺陷，并确认环网柜（分支箱）柜体可靠接地。若选用螺栓式旁路电缆终端，应确认接入间隔的断路器已断开并接地。

（3）电缆旁路作业，旁路电缆屏蔽层应在两终端处引出并可靠接地，接地线的截面积不宜小于 25mm²。采用旁路作业方式进行电缆线路不停电作业前，应确认两侧备用间隔断路器及旁路断路器均在断开状态。

（4）旁路电缆使用前应进行试验，试验后应充分放电。旁路电缆安装完毕后，应设置安全围栏和"止步，高压危险！"标示牌，防止旁路电缆受损或行人靠近旁路电缆。

83. 使用绝缘斗臂车时应注意哪些安全事项？

答：使用绝缘斗臂车时应注意下列安全事项：

（1）绝缘斗臂车操作人员应服从工作负责人的指挥，作业时应注意周围环境及操作速度。在工作过程中，绝缘斗臂车的发动机不得熄火（电能驱动型除外）。接近和离开带电部位时，应由绝缘斗中人员操作，下部操作人员不得离开操作台。

（2）绝缘斗臂车应选择适当的工作位置，支撑应稳固可靠；机身倾斜度不得超过制造厂的规定，必要时应有防倾覆措施。

（3）绝缘斗臂车使用前应在预定位置空斗试操作一次，确认液压传动、回转、升降、伸缩系统工作正常、操作灵活，制动装置可靠。

（4）绝缘斗臂车的金属部分在仰起、回转运动中，与带电体间的安全距离不得小于 0.9m（10kV）或 1.0m（20kV）。工作中车体应使用不小于 16mm² 的软铜线良好接地。

84. 高压配电线路带电作业时应如何履行许可、结束手续？

答： 高压配电线路带电作业时应按下列要求履行许可、结束手续：

（1）工作负责人在带电作业开始前，应与值班调控人员或运维人员联系；

（2）需要停用重合闸的作业和带电断、接引线工作应由值班调控人员履行许可手续；

（3）带电作业结束后，工作负责人应及时向值班调控人员或运维人员汇报。

85. 高压配电线路带电作业时应穿戴哪些绝缘防护用具？

答： 带电作业应穿戴绝缘防护用具（绝缘服或绝缘披肩、绝缘袖套、绝缘手套、绝缘鞋、绝缘安全帽等）。带电断、接引线作业应戴护目镜，使用的安全带应有良好的绝缘性能。带电作业过程中，禁止摘下绝缘防护用具。

86. 带电作业传递工具、物件应注意哪些安全事项？

答： 禁止地电位作业人员直接向进入电场的作业人员传递非绝缘物件。上、下传递工具、材料均应使用绝缘绳绑扎，严禁抛掷。

八、装表接电

87. 更换电能表或接线时应注意哪些安全事项?

答: 更换电能表或接线时应注意下列安全事项:

(1)先将原接线做好标记;

(2)拆线时,先拆电源侧,后拆负荷侧;恢复时,先压接负荷侧,后压接电源侧;

(3)要先做好安全措施,以免造成电压互感器短路或接地、电流互感器二次回路开路;

(4)工作完成应清理、打扫现场,不要将工具或线头遗留在现场,并应再复查一遍所有接线,确保无误后再送电;

(5)送电后,观察电能表是否正常。

88. 停电轮换或新装单相电能表时应注意哪些安全事项?

答: 停电轮换或新装单相电能表时应注意下列安全事项:

(1)核对电能表与工作单上所标示的电能表规格、型号是否相符;

(2)要严格按电能表接线端子盒盖反面或接线盒上标明的接线图和标号线;

（3）接线桩头上的螺钉必须全部旋紧并压紧线和电压连接片；

（4）电能表悬挂倾斜度不大于1°；

（5）单相电能表的第一进线端钮必须接电源的相线，电源的中性线接第二进线端钮，防止偷电漏计。

89. 带电装表接电作业时有哪些安全要求？

答：带电装表接电作业时有下列安全要求：

（1）核对电能表与工作单上所标示的电能表规格、型号是否相符；

（2）严禁电流互感器二次回路开路，严禁电压互感器二次回路短路，相间短路；

（3）工作地点挂"在此工作"标示牌，检查电流互感器二次回路对地电压，确认电流互感器绝缘良好；

（4）先将原接线做好标记，后按工作票要求开展工作；

（5）工作完成应清理、打扫现场，不要将工具或线头遗留在现场，并应复查一遍所有接线，确认无误后再送电；

（6）送电后，观察电能表是否正常。

90. 在带电的电压互感器二次回路上工作时应采取哪些安全措施？

答：使用绝缘工具戴手套，必要时工作前停用有关保护装置。

接临时负载时，必须装有专用的刀闸和可熔保险或其他降低冲击电流对电压互感器的影响。

91. 在带电的电流互感器和电压互感器二次回路上工作时应注意哪些安全事项？

答：在带电的电流互感器和电压互感器二次回路上工作时应注意下列安全事项：

（1）在带电的电流互感器二次回路上工作，应采取措施防止电流互感器二次侧开路。短路电流互感器二次绕组，应使用短路片或短路线，禁止用导线缠绕。

（2）在带电的电压互感器二次回路上工作，应采取措施防止电压互感器二次侧短路或接地。接临时负载，应装设专用的隔离开关和熔断器。

（3）二次回路通电或耐压试验前，应通知运维人员和其他有关人员，并派专人到现场看守，检查二次回路及一次设备上确无人工作后，方可加压。

九、电动汽车与分布式电源

👤 92. 电动汽车充电设施有可能导致哪些安全事故?

答: 可能发生质量、人员、设备、电网、消防等方面的安全事故。

👤 93. 电动汽车充电站使用时应注意哪些安全事项?

答: 充电设施运行包括充电(电池更换)服务、操作、巡视、异常处理、设备异动、运行分析和基础资料管理等内容,充电设施运行与维护单位(部门)应分组配备相应的专业人员。

👤 94. 分布式电源继电保护和安全自动装置配置应注意哪些安全事项?

答: 应符合相关继电保护技术规程、运行规程和反事故措施规定,装置定值应与电网继电保护和安全自动装置配合正定,防止发生继电保护和安全自动装置误动、拒动,确保人身、设备和电网安全。

95. 分布式光伏运维管理工作上应注意哪些安全事项？

答： 根据国家电网公司接入分布式电源配电网运维与检修工作管理相关要求，积极开展分布式光伏运维检修相关工作。

安排专人定期对光伏专用断路器开关、反孤岛装置各进出线进行检查，并完成试跳工作，确保光伏专用断路器开关、反孤岛装置安全可靠运行。

十、其　他

96. 起吊重物前，起重工作负责人应做哪些检查？

答：起吊重物前，应由起重工作负责人检查悬吊情况及所吊物件的捆绑情况，确认可靠后方可试行起吊。起吊重物稍离地面（或支持物），应再次检查各受力部位，确认无异常情况后方可继续起吊。

97. 在起吊、牵引过程中，哪些地方禁止有人逗留和通过？

答：在起吊、牵引过程中，受力钢丝绳的周围、上下方、转向滑车内角侧、吊臂和起吊物的下面，禁止有人逗留和通过。

98. 起重机停放时有哪些安全要求？起重机作业时应采取哪些安全措施？

答：起重机停放时，其车轮、支腿或履带的前端或外侧与沟、坑边缘的距离不得小于沟、坑深度的 1.2 倍，否则应采取防倾、防坍塌措施。

起重机作业时，起重机应置于平坦、坚实的地面上。不得在暗沟、地下管线等上面作业；无法避免时，应采取防护措施。

99. 动火作业主要有哪些类型？

答：动火作业是指能直接或间接产生明火的作业，包括熔化焊接、切割、喷枪、喷灯、钻孔、打磨、锤击、破碎、切削等。

100. 使用氧气瓶和乙炔气瓶时有哪些安全要求？

答：使用中的氧气瓶和乙炔气瓶应垂直固定放置，氧气瓶和乙炔气瓶的距离不得小于 5m。气瓶的放置地点不得靠近热源，应距明火 10m 以外。